ESSAI DE GÉOMÉTRIE POLYÉDRIQUE.

THÉORIE

DES

CRISTALLOÏDES ÉLÉMENTAIRES,

PAR

LE Cte LÉOPOLD HUGO.

PARIS,
GAUTHIER-VILLARS, IMPRIMEUR-LIBRAIRE
DU BUREAU DES LONGITUDES, DE L'ÉCOLE IMPÉRIALE POLYTECHNIQUE,
SUCCESSEUR DE MALLET-BACHELIER,
Quai des Augustins, 55.

1867

THÉORIE

DES

CRISTALLOÏDES ÉLÉMENTAIRES.

PARIS. — IMPRIMERIE DE GAUTHIER-VILLARS,
Rue de Seine-Saint-Germain, 10, près l'Institut.

ESSAI DE GÉOMÉTRIE POLYÉDRIQUE.

THÉORIE

DES

CRISTALLOÏDES ÉLÉMENTAIRES,

PAR

LE Cte LÉOPOLD HUGO.

PARIS,
GAUTHIER-VILLARS, IMPRIMEUR-LIBRAIRE
DU BUREAU DES LONGITUDES, DE L'ÉCOLE IMPÉRIALE POLYTECHNIQUE,
SUCCESSEUR DE MALLET-BACHELIER,
Quai des Augustins, 55.

1867

La Lettre suivante, pouvant tenir lieu d'Introduction à la présente publication, a été insérée dans les *Nouvelles Annales de Mathématiques* de MM. Gerono et Prouhet (novembre 1866).

Monsieur le Rédacteur,

Permettez-moi de résumer ici en quelques lignes un travail que j'ai fait paraître sous une forme provisoire, et dont je prépare une édition typographique. Ce Mémoire a pour titre : *Théorie des Cristalloïdes*.

Les Cristalloïdes sont des solides géométriques formés par l'assemblage d'onglets à surface cylindrique variable, exactement comme les pyramides en général sont formées de pyramides à base triangulaire.

Ces onglets ont pour section un triangle rectangle, et leur assemblage donne des corps ronds (dits *pluro-cylindriques*) ayant, dans les cas réguliers, l'apparence, soit de dômes polygonaux, soit de trémies ; dans d'autres cas, la forme serait celle de cornes à section généralement polygonale, correspondant aux pyramides obliques.

La théorie précitée peut être envisagée, à mon

sens, comme remplaçant, en l'élargissant, le chapitre des solides de révolution des Cours d'Analyse, ces derniers solides n'étant, pour moi, qu'un cas très-particulier.

J'appelle *coefficient* l'expression qui, multipliant le produit de la hauteur ou axe par la base triangulaire de l'onglet, donne le volume de celui-ci. Malgré la variété et la nature des courbes servant de directrice à la surface cylindrique, souvent le coefficient est purement algébrique.

C'est ce qui aura lieu quand l'équation fournit une valeur de x^2 ne renfermant que des puissances entières ou fractionnaires de y, laquelle donnera une intégrale algébrique.

Je m'attache à cette condition comme se rapprochant des séries connues du prisme et de la pyramide.

On trouve aussi des résultats offrant de grandes analogies avec les propriétés de la sphère : certaines formes de l'équation directrice (de degré n) donnent pour coefficient $\frac{n}{n+1}$. Ceci comprend le cas d'une directrice elliptique, pour laquelle $n = 2$, et le coefficient se réduit à $\frac{2}{3}$, comme dans le problème d'Archimède.

Les courbes $y^2 = cx^n$ sont très-remarquables comme directrices ; elles donnent pour le coefficient de l'onglet pris sur un axe $\frac{1}{n+1}$, et sur l'autre axe $\frac{n}{n+4}$. Pour $n=2$ (ligne droite), on retrouve de part et d'autre le coefficient $\frac{1}{3}$ de la pyramide. Pour la parabole, $n=1$, et on a des solides à coefficients respectifs $\frac{1}{2}$ et $\frac{1}{5}$. Le premier de ces Cristalloïdes se placera comme intermédiaire entre les deux séries de la Géométrie élémentaire. J'ajoute ici que d'autres positions de l'onglet donnent une formule se réduisant, pour la parabole, soit à $\frac{1}{6}$, soit à $\frac{8}{15}$.

Ces divers coefficients, multipliés par la base *quelconque* et par la hauteur, expriment le volume de tout assemblage (ou de toute différence) d'onglets de même formule. Les deux belles séries $\frac{2}{3}$ et $\frac{1}{2}$ pourront être obtenues par la méthode des limites, en partant du volume de la sphère.

Je crois pouvoir énoncer, en finissant, que les Cristalloïdes viennent se placer, à juste titre, à côté des corps étudiés par l'antiquité; ils en complètent et, pour ainsi dire, en expliquent le système.

Veuillez agréer, etc.,

Cte Léopold HUGO.

Le 25 septembre 1866.

AVERTISSEMENT.

Le travail qu'on va lire n'est qu'une extension du problème d'Archimède, sur la sphère inscrite, à un nombre illimité de formes géométriques, les unes déjà connues, les autres nouvelles, et celles-ci en grande majorité.

Au point de vue des volumes, on sait que le prisme et le cylindre ont le coefficient 1, que la pyramide et le cône ont le coefficient $\frac{1}{3}$, comme la sphère inscrite a le coefficient $\frac{2}{3}$. A côté de celle-ci se placera une série de pyramides à faces courbes, ayant ce même coefficient, accompagnée elle-même par d'autres séries intermédiaires offrant les coefficients $\frac{8}{15}$, $\frac{1}{2}$, $\frac{1}{5}$, $\frac{1}{6}$, etc.

J'envisagerai toutes ces formes géométriques, auxquelles s'appliquera le nom de *Cristalloïdes*, comme engendrées suivant une même méthode et ne différant que par leur courbure, ainsi que par le coefficient propre qui en résulte.

La pyramide, le prisme et le cube, la sphère, les

solides de révolution font donc partie d'un vaste système.

La sphère n'est qu'un cas particulier dans une série, les pyramides forment un cas particulier dans un groupe de séries, etc.

L'équation du second degré suffit à déterminer en dix séries nouvelles l'ensemble dont on vient de tracer un aperçu ; mais les équations des degrés supérieurs peuvent être appelées en nombre infini à agrandir notre horizon. C'est ce qu'il sera facile de comprendre tout à l'heure.

Je n'ai parlé que de coefficients numériques ; mais, si l'on ne se borne pas à cette condition, les coefficients transcendants permettent d'étendre indéfiniment les combinaisons, autant que les ressources du calcul l'admettent aujourd'hui.

Il s'agit en somme, comme pour tout système général, d'une classification rationnelle.

La Cristallographie, à un autre point de vue il est vrai, est une classification de cette sorte. Pour moi, c'est par l'étude de la Minéralogie et de la branche susnommée en particulier que j'ai été amené aux recherches qui donnent lieu au présent essai et à l'ordre d'idées que j'ai exposé.

Je viens de parler de Minéralogie, et je ne laisserai pas échapper cette occasion de rendre un public hommage à la mémoire de mes savants et trèsregrettés maîtres dans cette science, Dufrénoy, Ebelmen et de Senarmont. C'est sous l'égide de leurs noms illustres que je place mon travail, dans lequel on reconnaîtra sans doute l'œuvre d'un Auteur plutôt habitué à envisager et à saisir des formes cristallines complexes, qu'à vivre dans les hautes régions de l'Analyse mathématique.

Je crois pouvoir dire néanmoins que ma nouvelle manière de concevoir l'ensemble des corps géométriques est satisfaisante pour tout esprit philosophique.

Il est intéressant, par exemple, de voir que la sphère ne reste plus en quelque sorte isolée, mais qu'elle se relie à toute une série générale, laquelle elle-même est voisine de séries nombreuses autant qu'intéressantes, toutes dérivées d'un même principe que je pourrais me hasarder à définir ici : le système *pluro-cylindrique*.

Un coup d'œil jeté sur les *Planches I, II* et *III* qui terminent ce court Mémoire donnera facilement une idée de ce que j'entends résumer par l'expression qui vient de m'échapper dans les lignes précédentes, mais que je ne retire pas.

J'ai encore à parler de moi, pour m'excuser auprès du lecteur de bien des défauts qui pourront le frapper. A peine convalescent d'une grave maladie des yeux, je n'ai pu donner à l'élaboration du présent essai toute la perfection de détail que j'aurais aimé à atteindre du premier coup.

J'ajoute, en terminant, que les séries polyédriques nouvelles que j'ai traitées sont représentées dans la pratique des arts par divers exemples, depuis la fameuse coupole de Brunelleschi au dôme de Florence jusqu'au comble en pavillon de la tour de Nankin. On en trouverait même des approximations dans la nature parmi certaines grandes coquilles cannelées en éventail, et dans certains pointements cristallins à facettes courbes et multipliées. Il n'est pas sans intérêt de mentionner ici que le point de départ virtuel de mes recherches se trouve dans une Note technique de M. l'Ingénieur Hardy sur des travaux voisins d'Alger, insérée aux *Annales des Ponts et Chaussées,* p. 173, vol. 1862.

THÉORIE

DES

CRISTALLOÏDES ÉLÉMENTAIRES.

CHAPITRE PREMIER.

DES CRISTALLOÏDES EN GÉNÉRAL.

CONSTRUCTION D'UN CRISTALLOÏDE.

1. Étant donnés une ligne brisée ABC (voir *Pl. IV*, *fig.* 1) et un point O dans le même plan, de ce point j'abaisse les deux perpendiculaires OD, OE, et je mène la droite OB.

Je supposerai que OD et OE se placent de part et d'autre de OB.

Soit une courbe plane quelconque DQ dans le plan DOR, et concevons-la rapportée à la ligne OR perpendiculaire au plan ABC, comme axe des y.

Rabattons le plan DOR sur le plan EOR, et faisons varier, dans l'équation de la courbe considérée, x dans le rapport $\frac{OE}{OD}$: il en résultera que le point E appartiendra à la nouvelle courbe.

Sur la courbe DQ comme directrice, construisons un cylindre par le mouvement d'une droite parallèle à AB, et de même sur la nouvelle courbe en E avec une génératrice BC.

Cherchons quelle sera l'intersection de ces deux surfaces cylindriques.

Soit Q un point de la première courbe devenu P sur la seconde : menons les génératrices horizontales QL et PL ; on voit facilement, en construisant la pyramide quadrangulaire ayant son sommet en R, et à cause de la proportionnalité, que l'intersection L des deux génératrices se fera sur la droite RB, c'est-à-dire dans le plan ROB. Donc la courbe d'intersection des deux cylindres est comprise dans le plan de la verticale RO et de la diagonale OB. En envisageant les solides situés des deux côtés de ce plan, nous leur donnerons le nom d'*onglets*, et nous remarquons encore une fois que l'assemblage des deux onglets se fait génératrice à génératrice dans le plan diagonal BOR.

Si à notre ligne brisée on adjoignait une nouvelle sécante AF, sur le triangle DOA comme base, on pourrait construire pareillement un nouvel onglet cristalloïde, et ainsi de suite jusqu'à ce que le polygone fût fermé, si on le jugeait nécessaire.

2. Étudions actuellement le volume de l'onglet ainsi construit.

La section droite de cet onglet est un triangle rectangle ; le volume élémentaire, en appelant α l'angle DOB et $\frac{1}{e}$ la tangente, sera $\frac{x^2}{2e}dy$, et le volume cherché sera

$$V = \int \frac{x^2}{2e}dy.$$

Or, si l'équation de la courbe donne une valeur de x^2 ne renfermant que des puissances entières ou fractionnaires de y, nous obtiendrons pour le volume ci-dessus une expression purement algébrique (sauf la valeur de e, bien entendu).

C'est ce qui aura lieu pour l'équation

$$x^{2m} = (A + By^{h} + \ldots + Ky^{n})^{m}.$$

Pour une valeur

$$y = OK = L,$$

on obtiendra ainsi

$$V = \frac{f(L)}{2e}.$$

Mais le prisme triangulaire correspondant à la base DOB et à la hauteur OK $= y$ a pour expression

$$V' = \frac{x^2}{2e} y,$$

et en remplaçant x^2 par sa valeur en y ou L, on aura

$$V' = \frac{\varphi(L)}{2e}.$$

Le rapport des volumes $\frac{V'}{V}$ est donc $\frac{f(L)}{\varphi(L)}$, qui est une expression purement algébrique.

On pourra mettre le volume de l'onglet sous cette forme : la base (DOB) multipliée par une fonction de la hauteur.

Si au lieu d'avoir une intégrale algébrique, on obtenait une expression transcendante, la fonction précitée deviendrait évidemment transcendante.

Un cristalloïde étant formé par l'assemblage de plusieurs onglets de même formule (*), on pourra exprimer

(*) Car la fraction de passage $\frac{OE}{OD}$ du n° 1 disparaît comme entrant au carré dans V et dans V'.

le volume du cristalloïde de la même manière : V = B multiplié par une fonction ou coefficient de la hauteur.

3. Si l'on avait à envisager une portion de droite DE (*Pl. IV*, *fig.* 2) telle, que la perpendiculaire abaissée du point O ne tombât point entre les points D et E, mais en F sur le prolongement, on traiterait l'onglet à base ODE comme différence entre les onglets à bases respectives OFE et OFD. Ceci ne souffre pas de difficulté.

De même, si le point O était placé en dehors du périmètre polygonal pris pour base, on suivrait une marche analogue.

La loi du volume par rapport à la base, pour le cristalloïde, a la plus grande analogie avec les propriétés de la pyramide, laquelle n'est d'ailleurs qu'un cas particulier.

Toute base courbe sera envisagée comme un polygone d'une infinité de côtés donnant lieu chacun à un onglet correspondant.

4. Nous donnerons aux cristalloïdes dont les onglets sont concaves vers l'axe le nom de *domoïdes*, et à ceux dont l'onglet est convexe celui de *trémoïdes*.

En accolant comme préfixe les deux premières syllabes du nom de la courbe directrice, on a des désignations suffisantes pour le second degré.

Les cristalloïdes peuvent avoir une base quelconque ou une base polygonale régulière, et ils seront dits *réguliers* quand l'axe sera placé sur le centre du polygone régulier servant de base.

Remarquons ici que le conoïde ne rentre pas dans notre classification; on trouvera plus loin une Note qui traite du volume des conoïdes par une marche sommaire.

Il est temps de passer à l'examen plus particulier des cristalloïdes fournis par les trois courbes du second degré.

Nous appelons *élémentaires* les cristalloïdes dont le coefficient est purement algébrique, ce qui a lieu fréquemment, on l'a vu, malgré la courbure de ces corps ronds. Nous laisserons de côté, quant à présent, les cristalloïdes transcendants. D'ailleurs il suffira d'établir la formule de l'onglet seul dans chaque cas, ainsi qu'on le comprendra d'après ce qui a été dit plus haut de la formation des cristalloïdes par voie d'assemblage.

Il serait possible de traiter par une seule formule générale, avec une discussion appropriée, les onglets résultant du second degré (*); mais, pour plus de clarté, nous allons nous borner à traiter les différents cas isolément.

(*) Il nous semble que la marche des démonstrations d'Archimède, dans ses Traités de la sphère, des sphéroïdes et des conoïdes, pourra être appliquée à plusieurs de ces onglets, avec certaines modifications.

CHAPITRE II.

ELLIDOMOÏDES, HYPERDOMOÏDES ET HYPERTRÉMOÏDES (*).

5. Une demi-ellipse OAC (*Pl. IV, fig.* 3) est prise pour base d'un cylindre droit que l'on coupe par le plan OBC passant par l'un des axes principaux Ox de l'ellipse et faisant avec le plan de la base un angle quelconque α. Nous nous proposons d'évaluer le volume de l'onglet compris entre les deux plans et la surface latérale du cylindre.

Soit l'origine placée au sommet, l'équation de l'ellipse est

$$y^2 = \frac{b^2}{a^2}(2ax - x^2).$$

La section mnp, faite par un plan perpendiculaire à l'axe Ox, est un triangle rectangle en n; donc

$$mn = np \tang \alpha;$$

or $np = y$, et soit $\tang \alpha = \frac{1}{e}$, $mn = \frac{y}{e}$, et l'aire de la section a pour expression

$$\frac{y^2}{2e} \quad \text{ou} \quad \frac{b^2}{2a^2e}(2ax - x^2).$$

(*) Nous n'aurons à envisager ici aucun ellitrémoïde, pour des raisons qui seront exposées à la fin du Chapitre.

En désignant par V le volume de l'onglet pour une limite L, on a

$$V = \frac{b^2}{2a^2e}\int_0^L (2ax - x^2)\,dx = \frac{b^2}{2a^2e} \times \frac{(6aL^2 - 2L^3)}{6}.$$

Or le volume V' du prisme triangulaire correspondant à la limite L est

$$V' = \frac{Ly^2}{2e} = \frac{b^2}{2a^2e} \times L(2aL - L^2) = \frac{b^2}{2a^2e} \times (2aL^2 - L^3),$$

le rapport

$$\frac{V}{V'} = \frac{6aL^2 - 2L^3}{6(2aL^2 - L^3)} = \frac{6a - 2L}{6(2a - L)}.$$

Quand L est très-petit et tend vers zéro, ce rapport s'approche de $\frac{6}{12}$ ou $\frac{1}{2}$. Quand L grandit jusqu'à être égal à a, ce qui correspond au demi-volume de l'onglet complet et à la moitié du prisme triangulaire CEFOGH circonscrit à l'onglet, le rapport des volumes devient

$$\frac{4a}{6a} = \frac{2}{3}.$$

On voit que pour l'onglet complet on aurait de même

$$\frac{V}{V'} = \frac{2}{3}.$$

Pour $L = a$, l'expression de V devient

$$V = \frac{b^2}{2a^2e} \times \frac{2}{3}a^3 = \frac{b^2a}{3e};$$

pour $L = 2a$,

$$V = \frac{2}{3}\,\frac{b^2a}{e}.$$

On arriverait à une formule analogue en prenant l'onglet par rapport au petit axe b; pour $L = b$,

$$V = \frac{a^2 b}{3e}.$$

Tout cristalloïde formé par l'assemblage d'onglets de cette nature portera le nom d'*ellidomoïde*.

Dans chacun de ces onglets, pour une hauteur égale à l'axe a de l'ellipse, le volume est égal à la base triangulaire multipliée par les $\frac{2}{3}$ de la hauteur; il en sera de même pour le cristalloïde résultant de leur assemblage.

Si la base est un cercle et que la hauteur soit égale au double rayon, on aura

$$\pi R^2 \times \frac{2}{3} \times 2R = \frac{4}{3}\pi R^3.$$

C'est la sphère.

Il faut donc considérer la sphère comme la limite des ellidomoïdes réguliers ayant l'apothème égal à la hauteur R; π n'entre dans le calcul qu'en raison de l'expression de la base et au dernier moment.

Tous les cristalloïdes intermédiaires, à partir du triédrique, en sont affranchis (voir *Pl. I*, série équiaxe).

L'ellidomoïde triédrique régulier de la hauteur $2a$ a pour volume

$$V = 4\sqrt{3}\,b^2 a, \quad \text{et pour le cas équiaxe} \quad V = 4\sqrt{3}\,R^3.$$

L'ellidomoïde tétraédrique régulier, forme curieuse comme intermédiaire entre le cube et la sphère (quand il est équiaxe), a pour volume

$$V = \frac{16}{3} b^2 a, \quad \text{et pour l'équiaxe} \quad V = \frac{16}{3} R^3.$$

Le pentaédrique régulier est (le côté du pentagone

$= \frac{1}{2}\sqrt{10 - 2\sqrt{5}}$).

$$V = \frac{b^2 a}{6\sqrt{10 - 2\sqrt{5}}}, \quad \text{et pour l'équiaxe} \quad V = \frac{R^3}{6\sqrt{10 - 2\sqrt{5}}}.$$

L'hexagonal régulier a pour volume

$$V = \frac{8}{\sqrt{3}} b^2 a \quad \text{ou} \quad \frac{8}{\sqrt{3}} R^3.$$

6. Étudions actuellement l'onglet pris sur un cylindre droit à base d'hyperbole.

Soit donc OB (*Pl. IV*, *fig.* 4) une branche d'hyperbole dont Ox est l'axe principal; soit le plan sécant mené par Ox.

$\frac{y^2}{2e}$ sera, comme précédemment, l'aire du triangle, et l'hyperbole étant rapportée à son sommet, on a

$$y^2 = \frac{b^2}{a^2}(2ax + x^2).$$

Le volume élémentaire est donc

$$\frac{b^2}{2a^2 e}(2ax + x^2)\,dx.$$

Le volume total de $x = 0$ jusqu'à une valeur de $x = L$ est

$$V = \frac{b^2}{2a^2 e}\left(aL^2 + \frac{L^3}{3}\right).$$

Le prisme correspondant au triangle, dont l'aire est $\frac{b^2}{2a^2 e}(2aL + L^2)$, est

$$V' = \frac{b^2}{2a^2 e}(2aL^2 + L^3).$$

Le rapport

$$\frac{V}{V'} = \frac{3aL^2 + L^3}{6aL^2 + 3L^3} = \frac{3a + L}{6a + 3L}.$$

Le rapport varie à mesure que L grandit à partir de zéro, depuis $\frac{1}{2}$ jusqu'à une valeur qui ne saurait dépasser $\frac{1}{3}$.

Quand

$$\begin{aligned} L &= a, & \frac{V}{V'} &= \frac{4}{9}; \\ L &= 2a, & \frac{V}{V'} &= \frac{5}{12}; \\ L &= 3a, & \frac{V}{V'} &= \frac{6}{15}; \\ L &= 4a, & \frac{V}{V'} &= \frac{7}{18}, \end{aligned}$$

....

Pour $L = a$, l'expression de V devient

$$V = \frac{b^2}{2a^2e}\left(a^2 + \frac{a^2}{3}\right) = \frac{4 \times b^2}{3 \times 2a^2e}a^2 = \frac{2}{3}\frac{b^2a}{e}.$$

(C'est le double de l'onglet ellidomoïdal correspondant à $L = a$.)

Pour l'hyperbole équilatère,

$$V = \frac{1}{2e}\left(aL^2 + \frac{L^3}{3}\right).$$

En assemblant des onglets de cette nature, on obtient des hyperdomoïdes ouverts dans le sens des x.

Bornons-nous à faire remarquer ici que la pyramide appartient à cette classe d'hyperdomoïdes pour le cas où l'hyperbole est réduite à deux droites.

7. Si on prend l'onglet sur le cylindre à base hyperbolique du côté de l'axe des y (*Pl. IV, fig.* 5), qui de-

vient intersection du plan oblique de l'onglet, on a $x^2 = \frac{a^2}{b^2}(y^2 + b^2)$ pour équation de la courbe, rapportée cette fois à son centre.

Le volume élémentaire est $\frac{x^2}{2e}dy$ et

$$V = \int_0^L \frac{a^2}{2b^2e}(y^2 + b^2)\,dy = \frac{a^2}{2b^2e}\left(\frac{L^3}{3} + b^2L\right).$$

Le prisme correspondant a pour expression

$$\frac{x^2}{2e} \times L;$$

or

$$x^2 = \frac{a^2}{b^2}(L^2 + b^2), \quad V' = \frac{a^2}{2b^2e}(L^3 + b^2L),$$

$$\frac{V}{V'} = \frac{L^3 + b^2L}{3L^3 + 3b^2L} = \frac{L^2 + 3b^2}{3L^2 + 3b^2}.$$

Pour L variant de o à ∞, ce rapport varie de 1 à $\frac{1}{3}$; pour différentes valeurs de L, ce rapport prend les valeurs suivantes :

$$L = b, \quad \frac{V}{V'} = \frac{2}{3};$$

$$L = 2b, \quad \frac{V}{V'} = \frac{7}{15};$$

$$L = 3b, \quad \frac{V}{V'} = \frac{12}{30} \quad \text{ou} \quad \frac{2}{5}.$$

Pour $L = b$, l'expression devient

$$V = \frac{a^2}{2b^2e} \times \frac{4b^3}{3} = \frac{2}{3} \cdot \frac{a^2b}{e}.$$

(C'est le double de l'onglet ellidomoïdal correspondant à $L = b$.)

Pour l'hyperbole équilatère, on a

$$V = \frac{1}{2e}\left(\frac{L^3}{3} + b^2 L\right).$$

En assemblant des onglets de cette nature, on obtient des hypertrémoïdes portant une troncature à la partie supérieure et s'ouvrant de plus en plus dans le sens des y.

Les trois cas étudiés dans ce Chapitre sont les seuls cristalloïdes à coefficient algébrique fournis par les deux premières courbes du second degré (*). Les onglets obtenus dans d'autres positions de ces courbes se sont montrés transcendants. Il n'en est pas de même des onglets résultant du cylindre à base parabolique dont il va être question ci-après.

(*) On a dû remarquer que la formule du cristalloïde peut être plus simple que celle de l'aire de la courbe directrice. C'est ainsi que la fonction circulaire et l'expression logarithmique disparaissent respectivement pour les cristalloïdes dérivés de l'ellipse et de l'hyperbole, classés dans ce Chapitre; et ceci tient à ce que le radical existant dans l'expression de la variable disparaît lorsque celle-ci est portée au carré pour entrer dans le volume de l'onglet.

CHAPITRE III.

PARADOMOÏDES ET PARATRÉMOÏDES.

8. Nous nous proposons actuellement de prendre la parabole pour directrice des surfaces du cristalloïde.

La parabole possédant une aire à expression purement algébrique, il en est de même, quant au volume, pour tout cylindre ayant une aire parabolique pour base ; on peut donc espérer, *à priori*, que l'onglet pris sur un tel cylindre offrira plus fréquemment que dans le cas des cylindres à base elliptique ou hyperbolique une formule également tout algébrique, donnant lieu pour le cristalloïde correspondant à un coefficient élémentaire.

C'est ce que nous allons examiner.

Envisageons la parabole rapportée à son sommet $y^2 = ex$, supposée placée dans un plan horizontal (*Pl. IV*, *fig.* 4), nous élevons sur la branche supérieure de cette courbe, comme directrice, un cylindre droit, et nous coupons ledit cylindre par un plan oblique quelconque, passant par l'axe des x, de façon à déterminer un onglet dont la surface courbe est concave vers cet axe. L'assemblage de plusieurs onglets de même ordre constitue, en raison de leur concavité tournée vers l'intérieur, un paradomoïde. Soit, comme précédemment,

$$\tang \alpha = \frac{1}{c},$$

le volume élémentaire est

$$\frac{y^2}{2e}dx,$$

ou, en remplaçant y^2,

$$\frac{cx}{2e}dx;$$

le volume d'onglet est

$$V=\int_0^L \frac{cx}{2e}dx=\frac{cL^2}{4e}.$$

Or le volume du prisme triangulaire correspondant est

$$V'=\frac{cx}{2e}x=\frac{cL^2}{2e}.$$

On voit donc que le rapport $\frac{V}{V'}=\frac{1}{2}$. Ce rapport est constant, quelle que soit l'étendue prise sur l'axe des x, ou la hauteur du paradomoïde construit avec de tels onglets.

9. Soit encore la parabole tracée dans un plan horizontal

$$y^2=cx,\quad \text{d'où}\quad x^2=\frac{y^4}{c^2}.$$

Sur la branche située vers les y négatifs (*Pl. IV, fig.* 6), j'élève un cylindre droit et je le coupe par un plan oblique passant par l'axe des y.

Le volume élémentaire étant

$$\frac{x^2}{2e}dy,$$

ou, en remplaçant,

$$\frac{y^4}{2ec^2}dy,$$

le volume total est

$$V=\int_0^L \frac{y^4}{2ec^2}\,dy=\frac{L^5}{10ec^2}.$$

Le volume prismatique correspondant est

$$V'-\frac{y^4}{2ec^2}y=\frac{L^5}{2ec^2}.$$

Le rapport $\frac{V}{V'}=\frac{1}{5}$.

Ce rapport est constant, comme dans le cas précédent. La surface courbe de l'onglet étant convexe vers l'axe dudit onglet, le cristalloïde résultant sera un paratrémoïde. Dans ce paratrémoïde, les directrices, ainsi que les arêtes, sont tangentes à l'axe du cristalloïde.

10. Si, au lieu de prendre pour intersection du plan oblique la tangente Oy au sommet de la parabole (*Pl. IV, fig.* 6), nous prenons une parallèle quelconque $O'y'$ à cette tangente, l'équation de la parabole rapportée à ce nouvel axe des y sera, en remplaçant x par $x-m$ pour $OO'=m$,

$$y^2=cx-cm;$$

d'où

$$x^2=\frac{y^4+2cmy^2+c^2m^2}{c^2}.$$

Le volume élémentaire étant

$$\frac{x^2}{2e}dy \quad \text{ou} \quad \frac{y^4+2cmy^2+c^2m^2}{2ec^2}dy,$$

le volume pour la limite L sera

$$V=\frac{3L^5+10cmL^3+15c^2m^2L}{30ec^2}.$$

Or le prisme à base triangulaire correspondant a pour

mesure

$$V' = \frac{x^2}{2e} L \quad \text{ou} \quad \frac{L^5 + 2cmL^3 + c^2m^2L}{2ec^2},$$

le rapport

$$\frac{V}{V'} = \frac{3L^5 + 10cmL^3 + 15c^2m^2L}{15(L^5 + 2cmL^3 + c^2m^2L)} = \frac{3L^4 + 10cmL^2 + 15c^2m^2}{15L^4 + 30cmL^2 + 15c^2m^2}.$$

Ce rapport varie depuis 1 pour $L = 0$ jusqu'à $\frac{1}{5}$ pour $L = \infty$.

Nous avons dans le cas actuel un paratrémoïde avec troncature à la partie supérieure; quand $m = 0$, on rentre dans le cas précédent.

11. Si au contraire la trace $O''y''$ (*Pl. IV, fig.* 6) était placée vers les x positifs, coupant ainsi la parabole, on remplacerait x du nº 9 par $x + m$.

On aurait donc

$$y^2 = cx + cm \quad \text{et} \quad x^2 = \frac{y^4 - 2cmy^2 + c^2m^2}{c^2},$$

et la formule vient comme au nº **10**, mais m change de signe :

$$V = \frac{3L^5 - 10L^3cm + 15c^2m^2L}{30ec^2}.$$

Or, par l'équation précitée, on voit que la courbe est coupée par l'axe $O'y'$ à des distances égales à $\pm\sqrt{cm}$.

Les valeurs de V, résultant de valeurs de L comprises entre 0 et $\pm\sqrt{cm}$, répondent à l'onglet construit sur l'aire retranchée de la parabole vers son sommet. La partie de la courbe qui limite cette aire est concave vers l'axe des y; l'onglet sera donc un onglet de paradomoïde. Dans ce cas, les directrices des faces et les faces elles-mêmes sont tangentes aux faces verticales du prisme circonscrit, et le sommet offre une forme ogivale, différant en cela des autres paradomoïdes déjà envisagés.

Le prisme triangulaire tangent (à base constante) à l'onglet paradomoïdal en question a pour valeur

$$V' = \frac{m^2}{2c} L,$$

et le rapport

$$\frac{V}{V'} = \frac{3L^4 - 10cmL^2 + 15c^2m^2}{15c^2m^2}.$$

Entre $L = 0$ et $L \pm \sqrt{cm}$, le rapport varie depuis 1 jusqu'à $\frac{8}{15}$; ce dernier chiffre est donc le coefficient du cristalloïde complet ayant pour hauteur $\pm \sqrt{cm}$ et pour volume $\frac{4m^2\sqrt{cm}}{15c}$.

12. Pour les valeurs de y supérieures à celle qui vient d'être énoncée, la courbe offre sa convexité vers l'axe; il s'agira donc d'un onglet de paratrémoïde. C'est ce que j'appelle le *corrélatif* du précédent onglet. On retranchera la constante ci-dessus $\frac{4m^2\sqrt{cm}}{15c}$.

Pour des valeurs de L croissantes, le rapport s'approchera de plus en plus de la fraction $\frac{3}{15}$ ou $\frac{1}{5}$ trouvée au n° 9.

13. Envisageons enfin une position encore différente de la parabole directrice, laquelle donnera lieu à un nouveau paratrémoïde et à un paradomoïde correspondant, ainsi qu'on va le voir.

Prenons pour trace de notre onglet la droite $O'x'$ (*Pl. IV*, *fig.* 7), parallèle à l'axe des x, et transportons l'origine en O'; nous aurons

$$(m - y)^2 = cx, \quad \text{d'où} \quad y = m - \sqrt{cx}.$$

Le volume élémentaire de l'onglet étant $\frac{y^2}{2e}\,dx$, nous aurons

$$\int_0^L \frac{(m-\sqrt{cx})^2}{2e}\,dx = \frac{6m^2L - 8m\sqrt{c}L^{\frac{3}{2}} + 3cL^2}{12e},$$

et pour une limite $\frac{m^2}{c}$

$$V = \int_0^{\frac{m^2}{c}} \frac{(m-\sqrt{cx})^2}{2e}\,dx,$$

$$V = \frac{1}{2e}\left(m^2x - \frac{4}{3}\sqrt{c}mx^{\frac{3}{2}} + \frac{c}{2}x^2\right) = \frac{m^4}{2ec}\times\frac{1}{6} = \frac{m^4}{12ec}.$$

Le volume du prisme de même base constante $\frac{m^2}{2e}$ est

$$\frac{m^2}{2e}\times\frac{m^2}{c} = \frac{m^4}{2ec}, \quad \text{d'où} \quad \frac{V'}{V} = \frac{1}{6}.$$

Remarquons ici que dans l'onglet paratrémoïdal considéré, la directrice et la surface sont tangentes à la base commune (*).

14. Quant à l'onglet donné par la branche parabolique au delà de la valeur $\frac{m^2}{c}$ du cas précédent, la courbe offrant sa concavité vers l'axe trace $O'y'$, il s'agira d'un paradomoïde; c'est le corrélatif de l'onglet précédent. Il faudra retrancher la constante $\frac{m^4}{12ec}$, et le rapport obtenu, à mesure que L augmente, ira s'approchant de plus en plus de la valeur $\frac{1}{2}$, trouvée au n° 8.

(*) On peut passer du paradomoïde $\frac{1}{2}$ au cas actuel, par une simple construction géométrique qu'il est inutile de reproduire ici.

CHAPITRE IV.

GÉNÉRALISATIONS DIVERSES.

15. Tels sont les divers cristalloïdes, tous élémentaires, que m'a donnés la parabole. Il est à peine nécessaire de faire remarquer que pour les cristalloïdes de tout ordre on peut employer, dans le but d'obtenir la cubature des solides de révolution correspondants (cas infini de cristalloïdes réguliers), la marche déjà présentée au sujet de la sphère; π n'entre dans le calcul qu'au dernier moment et en raison de l'expression de la base.

Il suffira également d'indiquer ici en passant (*Pl. IV*) la grande multiplicité de formes singulières, bien qu'à volume très-simple, que l'on peut obtenir au moyen des cristalloïdes précités par voie soit de différence, soit d'assemblage. On arrive, par exemple, en superposant au double paratrémoïde le paradomoïde, et complétant de même la base inférieure, à former un sablier inscrit dans un prisme, dont le volume sera $\frac{3}{5}$ de celui du prisme extérieur.

En retranchant d'un paradomoïde renversé le paratrémoïde ayant même base et même hauteur, on obtient une sorte d'entonnoir en forme d'écuelle polygonale à l'extérieur et dont le volume est $\frac{2}{3}$ du prisme circonscrit.

L'ellipsoïde à trois axes et les formes analogues données par l'hyperbole et la parabole appartiennent à notre classification, aussi bien que les formes à base irrégulière quelconque, pourvu que la surface soit soumise, à l'égard d'une verticale servant d'axe, à la loi de construction assignée en commençant aux cristalloïdes.

Il en serait ainsi par exemple d'une coquille (*Pl. IV*) elliptique pour toute section passant par l'axe O; le volume $=$ base $\times \frac{2}{3}$ de la hauteur.

Il en serait de même pour une corne d'abondance construite suivant la loi elliptique $\Big($si la loi était parabolique, le coefficient serait $\frac{1}{2}\Big)$, car l'axe peut être extérieur au solide que l'on doit envisager par différence (*voir* les cas obliques de la *Pl. IV*).

Des cristalloïdes très-élégants sont les cristalloïdes réguliers que l'on obtient avec des bases régulières étoilées ou fleuronnées.

16. Il resterait encore à étudier les rapports des surfaces des cristalloïdes à celles des prismes correspondants. Par exemple, pour les ellidomoïdes équiaxes (directrice circulaire), qui peuvent être décomposés en pyramides à base trapézoïdale infiniment petites, ayant leur sommet au centre, on voit, en divisant le volume par $\frac{R}{3}$, que leur surface est égale à la surface convexe du prisme, comme cela a lieu de la sphère au cylindre.

17. Nous avons dit, en commençant, que, laissant de côté les coefficients transcendants, nous ne nous attacherions qu'aux positions d'onglet pouvant donner des coefficients purement algébriques (*), et se rapprochant

(*) C'est ce que nous avons appelé *cristalloïdes élémentaires*.

par là des solides obtenus par la Géométrie des anciens, les prismes, les pyramides et la sphère (que je considère comme une double pyramide à faces courbes).

Les formules des onglets en général, même élémentaires, auraient nécessairement des formes très-variées, mais l'analogie avec les solides précités donne un intérêt particulier à la distinction suivante.

Le coefficient, supposé élémentaire ou algébrique, sera indépendant de la hauteur comptée sur l'intersection des plans de l'onglet (laquelle devient dans l'assemblage d'onglets ou cristalloïdes l'axe du solide), ou il sera fonction de cette hauteur.

Dans le premier cas, le cristalloïde composé se rattacherait à la série de la pyramide (*) dont le coefficient $\frac{1}{3}$ est constant; dans le second, il se rattacherait plutôt à la sphère qui se trouve dans la même condition algébrique, $\frac{2}{3}$ n'étant qu'une valeur particulière du coefficient ellidomoïdal (et sphérique) $\frac{3a-L}{3(2a-L)}$, valeur résultant de $L=a$.

18. Résumons d'abord la marche générale des calculs, en partant de l'équation directrice

$$y=af(x), \quad \text{d'où} \quad y^2=a^2[(f(x)]^2,$$

$f(x)$ étant une expression quelconque (transcendante

(*) Le prisme à coefficient 1 peut être considéré comme un tronc de pyramide dont le sommet est à l'infini; méthodiquement, le prisme et la pyramide sont les deux cristalloïdes à directrice du premier degré (c'est-à-dire rectiligne), comme les ellidomoïdes, les hyperdomoïdes, etc., des Chapitres précédents sont les cristalloïdes élémentaires dérivés du second degré.

ou non) et a représentant la fraction de passage d'un onglet à l'autre.

$$V = \int \frac{y^2}{2e} dx = \frac{a^2}{2e} \int [f(x)]^2 dx,$$

$$V' = \frac{a^2}{2e} [f(x)]^2 x \quad \text{et} \quad \frac{V}{V'} = \frac{\int [f(x)]^2 dx}{[f(x)]^2 x},$$

coefficient dans lequel a^2 disparaît.

Passons à l'aire de la courbe

$$S = \int y dx = a \int f(x) dx,$$

$$S' = yx = af(x)x \quad \text{et} \quad \frac{S}{S'} = \frac{\int f(x) dx}{f(x)x},$$

a disparaissant également.

Si l'on établit la relation R entre ces deux coefficients, on aura

$$R = \frac{\int f(x) dx}{f(x)x} \times \frac{[f(x)]^2 x}{\int [f(x)]^2 dx} = \frac{\int f(x) dx}{\int [f(x)]^2 dx} \times f(x).$$

19. Essayons ici de procéder à quelques généralisations, dans lesquelles on trouvera l'application de la distinction précédemment tracée. Nous rechercherons, à ce point de vue, les conditions à donner aux directrices des cristalloïdes, dans les degrés supérieurs.

En premier lieu, il s'agira des cristalloïdes à coefficient constant (*).

L'équation $y^2 = cx$ a donné pour les onglets construits sur les deux axes respectivement les fractions constantes $\frac{1}{2}$ et $\frac{1}{3}$.

En traitant les onglets dont les directrices sont

$$y^2 = cx^3, \quad y^2 = cx^4, \quad y^2 = cx^6,$$

(*) Ce qui suit n'est que le développement d'une Note insérée dans le Mémoire autographié, à la fin du Chapitre III.

on obtient les coefficients constants $\frac{1}{4}$, $\frac{1}{6}$, et $\frac{1}{7}$ (pour les onglets tracés sur l'axe des x).

Généralement, l'équation

$$y^2 = cx^n$$

donne pour l'onglet construit sur l'axe des x

$$V = \int_0^L \frac{cx^n}{2e} dx = \frac{cL^{n+1}}{2e(n+1)}$$

(la notation $e = \frac{1}{\tan g \alpha}$, α étant l'angle des plans de l'onglet).

Le volume du prisme correspondant est

$$V' = \frac{cL^{n+1}}{2e},$$

d'où le coefficient

$$\frac{V}{V'} = \frac{1}{n+1}.$$

En calculant l'onglet construit sur l'axe des y, on trouvera le coefficient

$$\frac{V'}{V} = \frac{n}{n+4}.$$

20. On voit par là :

1° Que les coefficients des deux onglets simultanés, donnés par une courbe de la forme précitée, sont liés par la relation

$$\frac{1}{n+1} : \frac{n}{n+4} = \frac{n+4}{n^2+n};$$

2° Que, si l'on rapproche le coefficient d'un onglet,

$\frac{1}{n+1}$ par exemple, de la fraction qui exprime la quadrature de l'aire de la courbe directrice, dans la partie correspondante, soit $\frac{2}{n+2}$. la relation est

$$R = \frac{1}{n+1} : \frac{2}{n+2} = \frac{n+2}{2n+2}.$$

Comme vérification des deux coefficients trouvés plus haut, on peut remarquer ici que, pour la directrice rectiligne, dont l'équation est

$$y = cx \quad \text{ou} \quad y^2 = c^2x^2,$$

en faisant $n = 2$ dans les formules, on obtient $\frac{1}{2+1}$ et $\frac{2}{2+4}$, soit toujours $\frac{1}{3}$, ce qui est bien le coefficient de la pyramide à faces planes (*).

En vérifiant pour la parabole, on fait $n = 1$ et on trouve les fractions déjà connues $\frac{1}{2}$ et $\frac{1}{5}$. Si l'on retournait l'équation ainsi,

$$y = ax^2, \quad \text{d'où} \quad y^2 = a^2x^4,$$

le second coefficient donnerait à son tour $\frac{4}{4+4}$ ou $\frac{1}{2}$, et par le premier on retrouverait $\frac{1}{4+1}$ ou $\frac{1}{5}$.

(*) La relation établie entre les deux onglets simultanés devient ici (pour $n = 2$) $\frac{6}{4+2} = 1$. En effet, les deux coefficients sont égaux.

La relation, pour la quadrature, devient, en y faisant $n = 2$, $\frac{4}{6}$ ou $\frac{2}{3}$. Or la quadrature est ici $\frac{1}{2}$ (aire du triangle), et le volume de l'onglet correspondant $\frac{1}{3}$ (volume de la pyramide); ce dernier coefficient est bien en effet les $\frac{2}{3}$ de la fraction de quadrature.

Nous savons ainsi, au moyen de directrices convenables, construire des pyramides à faces courbes, ou cristalloïdes, ayant des coefficients constants $\frac{1}{2}$, $\frac{1}{3}$, $\frac{1}{4}$, $\frac{1}{5}$, $\frac{1}{6}$, etc.; d'ailleurs, dans la formule, n peut être aussi fractionnaire.

Le système général de solides dont il vient d'être question jette un nouveau jour sur l'ancienne série pyramidale et conique $\frac{1}{3}$, et détermine le rôle qui lui appartient au milieu de ses congénères.

21. Nous intercalerons ici un onglet, dont le coefficient n'est point constant pour une hauteur quelconque, mais reste seulement identique à lui-même (selon le degré de l'équation), sous certaines conditions de délimitation, comme on va le voir.

Soit donc encore l'équation

$$y^2 = cx^n.$$

Transportons l'origine en un point quelconque des y. Par le nouvel axe des x faisons passer notre plan oblique, lequel coupera, dans le cylindre dont la base a pour périmètre l'équation ci-dessus, un onglet fermé par un plan perpendiculaire au tableau, passant par l'axe des y.

L'onglet ainsi obtenu a pour coefficient, pour la portion totale délimitée, l'expression (*)

$$\frac{V}{V'} = \frac{(n+2)^2 - 4(n+1)}{(n+2)(n+1)}.$$

(*) Voici le calcul :

Soit l'équation

$$y^2 = cx^n.$$

En transportant l'origine sur l'axe des y positifs à une distance m, nous

Pour $n = 2$ (pyramide), il vient

$$\frac{16 - 12}{12} = \frac{1}{3}.$$

Pour $n = 1$ (cristalloïde à directrice parabolique), il vient

$$\frac{9 - 8}{6} = \frac{1}{6},$$

fraction déjà obtenue au Chapitre précédent.

Mais on peut retourner l'équation et écrire

$$y = ax^2 \quad \text{ou} \quad y^2 = a^2x^4;$$

en faisant $n = 4$ dans la formule ci-dessus, on obtient la fraction

$$\frac{36 - 28}{30} = \frac{8}{15},$$

déjà trouvée directement.

---

aurons

$$(m - y)^2 = cx^n, \quad \text{d'où} \quad y = m \pm \sqrt{cx^n}.$$

On ne devra prendre que le signe — comme au n° **12**.

Or, on a

$$V = \int \frac{\left(m - \sqrt{cx^n}\right)^2}{2c} dx = \frac{\left(m^2 - 2m\sqrt{cx^n} + cx^n\right)dx}{2c}$$

$$= \frac{1}{2c}\left(m^2x - \frac{4m\sqrt{c}x^{\frac{n+2}{2}}}{n+2} + \frac{cx^{n+1}}{n+1}\right)$$

$$= \frac{1}{2c} \cdot \frac{(n+2)(n+1)m^2x - 4(n+1)m\sqrt{c}x^{\frac{n+2}{2}} + (n+2)cx^{n+1}}{(n+2)(n+1)}.$$

L'intersection de la courbe et de l'axe des x a lieu pour une valeur de

$$x = +\sqrt[n]{\frac{m^2}{c}} = \frac{m^{\frac{2}{n}}}{c^{\frac{1}{n}}}.$$

En introduisant cette valeur comme limite de l'onglet dans l'intégrale,

22. Comme exemple des coefficients dépendant de la hauteur du cristalloïde et devenant indépendants pour certaines valeurs définies, nous choisirons pour point de départ l'équation directrice

$$y^2=\frac{b^2}{a^2}(a^2-x^n).$$

Nous lui laisserons cette forme, afin que l'on aperçoive immédiatement comment l'ellipse y est comprise.

Selon que n est pair ou impair, les courbes que représente cette équation sont des courbes limitées dans tous

---

on a

$$V=\int_0^{\sqrt[n]{\frac{m^2}{c}}}\frac{1}{2c(n+2)(n+1)}$$
$$\times\left[\frac{(n+2)(n+1)m^2.m^{\frac{2}{n}}}{c^{\frac{1}{n}}}-\frac{4(n+1)mc^{\frac{1}{2}}m^{\frac{2}{n}\cdot\frac{n+2}{2}}}{c^{\frac{1}{n}\cdot\frac{n+2}{2}}}+\frac{(n+2)cm^{\frac{2(n+1)}{n}}}{c^{\frac{n+1}{n}}}\right].$$

Le prisme correspondant, avec base $\frac{m^2}{2c}$ et hauteur $\frac{m^{\frac{2}{n}}}{c^{\frac{1}{n}}}$, a pour volume

$$V'=\frac{m^2.m^{\frac{n}{2}}}{2cc^{\frac{1}{n}}},$$

et le coefficient de l'onglet, ou rapport, vient $\left(\frac{1}{2c}\right.$ disparaissant comme toujours$\left.\right)$, en réduisant les exposants de c,

$$\frac{V'}{V}=\frac{\frac{c^{\frac{1}{n}}}{(n+2)(n+1)}\cdot\left[\frac{(n+2)(n+1)m^{\frac{2n+2}{n}}}{c^{\frac{1}{n}}}-\frac{4(n+1)m^{\frac{2n+2}{n}}}{c^{\frac{1}{n}}}+\frac{(n+2)m^{\frac{2n+2}{n}}}{c^{\frac{1}{n}}}\right]}{m^2.m^{\frac{2}{n}}\quad\text{ou}\quad m^{\frac{2n+2}{n}}}$$

$$=\frac{(n+2)(n+1)-4(n+1)+(n+2)}{(n+2)(n+1)}=\frac{(n+2)^2-4(n+1)}{(n+2)(n+1)}.$$

les sens, ayant pour demi-axes respectivement $\pm\sqrt[n]{a^2}$ et $\pm b$, ou des courbes ayant leur sommet sur l'axe des x positifs, à la distance $\sqrt[n]{a^2}$, et coupant l'axe des y en deux points $\pm b$, puis se prolongeant indéfiniment dans le sens négatif.

Faisons passer un plan oblique par l'axe des x, et proposons-nous d'évaluer l'onglet total correspondant à l'aire comprise dans l'angle positif des axes.

On a

$$V=\int_0^L \frac{b^2}{2ea^2}(a^2-x^n)dx=\frac{b^2}{2ea^2}\left(a^2L-\frac{L^{n+1}}{n+1}\right)$$
$$=\frac{b^2}{2ea^2}\cdot\frac{(n+1)a^2L-L^{n+1}}{n+1}.$$

Pour $L=\sqrt[n]{a^2}$ ou $a^{\frac{2}{n}}$,

$$V=\frac{b^2}{2ea^2}\cdot\frac{\overline{n+1}\,a^{\frac{2n+2}{n}}-a^{\frac{2n+2}{n}}}{n+1}=\frac{b^2}{2ea^2}\cdot\frac{na^{\frac{2n+2}{n}}}{n+1}.$$

Or, le volume du prisme correspondant à la base $\frac{b^2}{2e}$ et de hauteur $L=a^{\frac{2}{n}}$ est

$$V'=\frac{b^2a^{\frac{2}{n}}}{2e}.$$

Le coefficient est donc, pour la portion indiquée,

$$\frac{V}{V'}=\frac{na^{\frac{2n+2}{n}}}{(n+1)a^{\frac{2n+2}{n}}}=\frac{n}{n+1}.$$

Si $n=1$ (parabole), la fraction égale $\frac{1}{2}$.

Si $n=2$, ce qui correspond à une directrice elliptique, la fraction se réduit à $\frac{2}{3}$.

Si $n = 3$ ou 4, etc., la fraction devient $\frac{3}{4}$, $\frac{4}{5}$, et ainsi de suite.

En envisageant seulement le cas des courbes limitées, pour lesquelles $n = 2m$ est pair, le coefficient devient $\frac{2m}{2m+1}$; et, pour les valeurs successives de m, on trouve les fractions $\frac{2}{3}$, $\frac{4}{5}$, $\frac{6}{7}$, etc., série ayant une connexité particulière avec le problème d'Archimède, et dont la valeur tend de plus en plus à se rapprocher de l'unité.

Les cristalloïdes formés d'onglets jouissant des divers coefficients fractionnaires ci-dessus $\left(\frac{2m}{2m+1}\right)$ constituent une famille de pyramides à faces courbes (à coefficients dépendant de la hauteur), très-intéressante en ce qu'elle comprend les ellidomoïdes, et la sphère par conséquent.

23. Revenons aux cristalloïdes à coefficient constant, et proposons-nous d'évaluer le tronc d'un tel cristalloïde, ou plus simplement celui d'un onglet (toujours à section triangulaire) (*).

Soit $\frac{1}{n+1}$ le coefficient dudit onglet, et écrivons, pour simplifier, $\frac{1}{m}$; soit h la hauteur du tronc, limité d'ailleurs par deux plans perpendiculaires à l'axe.

Soient y et Y les coordonnées correspondant aux deux bases du tronc considéré. Les abscisses sont x et $x + h$.

(*) Le calcul des troncs de cristalloïdes est le développement d'une Note qui a figuré dans mon Mémoire autographié sous le titre d'*Annexe*.

On a, par l'équation directrice $y^2 = cx^n$,

$$x = \frac{y^{\frac{2}{n}}}{\sqrt[n]{c}} \quad \text{et} \quad x + h = \frac{Y^{\frac{2}{n}}}{\sqrt[n]{c}},$$

d'où

$$h = \frac{Y^{\frac{2}{n}}}{\sqrt[n]{c}} - \left(x \text{ ou } \frac{y^{\frac{2}{n}}}{\sqrt[n]{c}}\right) = \frac{Y^{\frac{2}{n}} - y^{\frac{2}{n}}}{\sqrt[n]{c}};$$

et en éliminant $\sqrt[n]{c}$ dans la valeur de x, on a

$$x = \frac{hy^{\frac{2}{n}}}{Y^{\frac{2}{n}} - y^{\frac{2}{n}}}.$$

Les bases triangulaires étant de la forme $\frac{Y^2}{2c}$, on a pour le volume cherché

$$V = \frac{1}{m} \cdot \frac{Y^2(x+h) - y^2 x}{2c};$$

en remplaçant x, il vient

$$V = \frac{1}{2cm}\left(\frac{Y^2 hy^{\frac{2}{n}}}{Y^{\frac{2}{n}} - y^{\frac{2}{n}}} + hY^2 - \frac{hy^{\frac{2n+2}{n}}}{Y^{\frac{2}{n}} - y^{\frac{2}{n}}}\right)$$

$$= \frac{h}{2cm} \cdot \frac{Y^{\frac{2n+2}{n}} - y^{\frac{2n+2}{n}}}{Y^{\frac{2}{n}} - y^{\frac{2}{n}}}.$$

En effectuant la division, le quotient se compose de termes positifs en nombre $\frac{2n+2}{2} = n + 1$. Chacun de ces termes, multiplié par $\frac{1}{2c}$, peut être considéré comme la base d'un onglet ayant le même coefficient $\frac{1}{m}$ ou $\frac{1}{n+1}$ que l'onglet proposé et la hauteur commune h.

Ainsi, un tronc de cristalloïde à coefficient constant $\frac{1}{m}$ est, pour le volume, équivalent à la somme de m cristalloïdes de même formule ayant leur hauteur égale à celle du tronc, et dont le premier et le dernier ont pour bases les bases respectives du tronc $\left(\frac{Y^2}{2e} \text{ et } \frac{y^2}{2e}\right)$.

Dans le cas du paradomoïde $\frac{1}{2}$, c'est même à ces deux termes seuls que se réduit le quotient de la division, et c'est en cela, aussi bien qu'en raison de la simplicité du coefficient $\frac{1}{2}$, qu'il est permis de dire que, malgré la courbure de sa surface, le paradomoïde jouit de propriétés plus simples que la pyramide.

Dans le cas de cette dernière $\left(\frac{1}{m} = \frac{1}{3}\right)$, n étant égal à 2, les $n + 1$ solides se réduisent à trois (les deux bases et la moyenne).

Dans le cas du paratrémoïde $\frac{1}{5}$, on obtient les cinq termes suivants :

$$X^2 + X^{\frac{3}{2}} x^{\frac{1}{2}} + Xx + X^{\frac{1}{2}} x^{\frac{3}{2}} + x^2.$$

On conçoit cette augmentation successive du nombre des solides, en remarquant qu'à mesure que la surface cristalloïdale devient de plus en plus concave, le solide est *proportionnellement* plus chargé de matière dans la partie qui touche à la base et où se prend le tronc à évaluer. (Ajoutons ici qu'en partant du volume algébrique du segment de sphère, on arrive facilement à une formule analogue pour le segment d'ellidomoïde en général.)

24. En résumé, la théorie des cristalloïdes, telle qu'elle résulte de notre travail, doit être envisagée

comme formant intermédiaire entre la Géométrie des anciens et celle des modernes. Elle complète la première et s'y rattache par la considération des formes polygonales, et elle appartient à la seconde par la présence de l'équation avec ses diverses formes et ses divers degrés, bien qu'à titre de directrice seulement; et c'est, du reste, en raison de ce rôle tout spécial de l'équation que notre classification s'éloigne des errements habituels de la Géométrie analytique à trois dimensions, dans laquelle l'Algèbre est appelée à représenter la surface même qui limite un solide. On se trouvait conduit, par cette méthode, à négliger complétement tous les *assemblages* ou corps pluro-cylindriques, lesquels constituent pourtant des séries pleines d'intérêt, et dont les solides à base courbe ne sont, en réalité, que des cas particuliers.

Si l'on se reporte à ce qui a été dit, au commencement du présent Essai, sur la construction des cristalloïdes en général, on reconnaît que l'on peut envisager ces corps géométriques comme engendrés par le mouvement parallèle à lui-même d'une aire polygonale dont le plan resterait normal à un axe donné, et dont un point serait astreint à rester sur ce même axe. Mais il est entendu que le périmètre générateur, tout en restant semblable à lui-même, subit une expansion ou une contraction suivant le tracé de la directrice.

C'est ce que l'on peut préciser en disant qu'en envisageant, dans le plan mobile, les coordonnées et les abscisses du périmètre générateur, ces deux éléments varient d'après une seule et même loi.

Au contraire, si les ordonnées et les abscisses du périmètre de l'aire variaient respectivement suivant des lois différentes (et c'est un cas plus général), l'aire génératrice cesserait de rester semblable à elle-même, et, comme conséquence, l'intersection des faces courbes engendrées par chacun des côtés du périmètre polygonal cesserait d'être comprise dans un même plan, ce qui a été démontré vrai pour les cristalloïdes. Il n'y aurait donc pas lieu de tenter, dans ce cas, une décomposition en onglets à surface cylindrique.

C'est ce cas général qui a donné lieu à la Note suivante, dans laquelle on ne s'est d'ailleurs pas borné à l'hypothèse d'un axe rectiligne.

Cette Note est extraite du Mémoire autographié; les considérations qu'elle renferme ont conduit l'Auteur à reconnaître ce principe : que le rapport de deux volumes est identique à celui des aires variables génératrices de ces volumes, quand le rapport de ces dernières reste constant dans toutes les positions. De là résulte l'application de la méthode des limites pour le passage de tout solide de révolution au volume du cristalloïde circonscrit, et à son onglet.

NOTE

SUR

LES CONOÏDES A GÉNÉRATRICE COURBE.

25. J'ai fait remarquer plus haut que le conoïde (moderne) ne rentre pas dans la classification des cristalloïdes, lesquels sont toujours coordonnés par rapport à un axe. Mais il est possible de construire des conoïdes se rattachant par la loi de leur surface aux diverses courbes algébriques ou transcendantes. Voici comment :

Étant données une courbe directrice AB (*Pl. IV, fig.* 8) que je supposerai plane, et une seconde courbe directrice CD quelconque en dehors du plan de base AB ; étant donné aussi un plan directeur MN, et enfin, comme génératrice, une courbe plane algébrique ou transcendante CA (à deux variables) appuyée sur les deux directrices ;

Dans le plan CA, par une transformation de coordonnées, je place l'origine au point commun C et je suppose les coordonnées rectangulaires, avec l'un des axes Cx vertical sur le plan de AB qu'il rencontre en E.

Pour obtenir la surface conoïdale, on transportera la génératrice sur tous les points de CD, le plan restant parallèle au plan MN et l'axe des x parallèle à lui-même.

Soient C′E′ la nouvelle position de cet axe et E′B la

parallèle à EA tracée dans le plan de base; supposons que l'origine C′ soit restée au même niveau que C. Alors, pour établir le contact de la génératrice avec la directrice AB, il faudra, dans l'équation de AC, changer y en $y\frac{E'B}{EA}$; alors le point B appartiendra à la génératrice. Mais si C′ est à un niveau plus élevé que C, il faudra aussi changer x en $x\frac{C'E'}{CE}$. Telle est la loi à suivre en chaque point pour la construction de ce que j'appellerai non pas un *onglet*, mais un *massif conoïdal*.

Envisageons maintenant le volume de ce massif, en le supposant partagé en un très-grand nombre de tranches infiniment minces parallèles à MN; nous voyons qu'en chaque section le rapport de l'aire de la courbe au rectangle xy est constant, car, d'une position à une autre, les aires varient dans la proportion $\frac{E'B}{EA}\times\frac{C'E'}{CE}$, et il en est exactement de même des rectangles correspondants. Or, ces rectangles engendrent un volume que j'appellerai un *cylindroïde ;* on peut donc dire que le rapport du massif conoïdal au cylindroïde corrélatif est dans le rapport de l'aire de la courbe génératrice au rectangle des cordonnées, pour la disposition voulue de la génératrice.

Remarquons que les massifs conoïdaux sont susceptibles d'adjonction et de différence, quand la directrice supérieure est commune, et que le principe du rapport des volumes est vrai pour les solides formés par somme ou par différence.

Si la courbe de base n'était pas plane, la marche de la démonstration se trouverait seulement modifiée.

26. Appliquons ces considérations à un cas simple.

Supposons que la génératrice soit un quart d'ellipse rapportée à ses axes principaux et que la directrice supérieure soit rectiligne et parallèle au plan de la base. Par cette dernière raison, l'un des axes est constant, soit a, et b sera variable; quelle que soit la base, dans chaque section infiniment mince du massif conoïdal, le rapport de l'aire au rectangle sera

$$\frac{\frac{1}{4}\pi a^2 \times \frac{b}{a}}{ab} = \frac{\pi}{4}.$$

Le volume conoïdal s'obtiendra donc en prenant la base, la multipliant par la hauteur a et par le coefficient $\frac{\pi}{4}$,

$$V = B \times H \times \frac{\pi}{4}.$$

Dans certains cas, comme pour la parabole et la ligne droite, le coefficient est numérique.

On trouvera, à la fin de la *Pl. III*, quelques figures se rapportant à ces conoïdes, figures qui d'ailleurs peuvent avoir une base quelconque à expression elle-même numérique, auquel cas, malgré la nature des surfaces, ce volume serait aussi numérique.

On remarquera la simplicité des rapports existant entre ces diverses figures (à directrice rectiligne horizontale) et le cylindre de même base.

La sphère peut être considérée comme un conoïde ayant le cercle pour base, et un autre cercle coupant le premier rectangulairement pour seconde directrice; la génératrice serait circulaire (avec expansion) à translation parallèle.

Le cylindroïde correspondant n'est autre que l'ellidemoïde équiaxe tétragonal de la *Pl. I* (en plaçant son axe horizontal).

Son volume est $\frac{16}{3}R^3$. Or, tout conoïde demi-elliptique ayant pour rapport à son cylindroïde $\frac{\pi}{4}$, on retrouve le volume de la sphère $= \frac{4}{3}\pi R^3$.

27. Sans employer d'intégrale, on peut donc remonter de la sphère au cristalloïde, dont l'onglet de 45 degrés à base circulaire est le $\frac{1}{8}$; de là, on passerait à l'onglet ellidomoïdal de 45 degrés par le rapport du carré des y, puis à l'onglet d'angle quelconque par le rapport des tangentes. En général, pour tout cristalloïde, on peut trouver le volume par la méthode des limites, quand le volume du solide de révolution est donné. On considérera les deux solides comme décomposés en un même nombre de troncs de cône et de pyramide respectivement, avec rapport constant de l'un à l'autre. Le coefficient est identique (*).

(*) Le volume d'une calotte d'ellipsoïde sera trouvé, en partant de la sphère $= \frac{\pi h(3r^2+h^2)}{6} \times \frac{y^2}{r^2}$; divisant par la base πy^2, puis par h, il vient un coefficient $\frac{3+\frac{h^2}{r^2}}{6}$, et comme $r^2 = h(2a-h)$, on a $= \frac{6a-2h}{6(2a-h)}$. $\left(\text{Quand } a \text{ devient infini, ce qui a lieu pour la parabole, on retrouve le coefficient constant } \frac{1}{2}\right)$ Le volume du cristalloïde circonscrit (ellidomoïde ou paradomoïde) s'obtiendrait par le rapport des bases.

On voit facilement quelle sera l'analogie des volumes des troncs d'ellidomoïdes avec les volumes géométriques des troncs d'ellipsoïde et de sphère.

APPENDICE.

CRISTALLOÏDES TRANSCENDANTS.

En écrivant ce qui, en raison du passage successif de la courbe directrice proposée à l'onglet, et de celui-ci au cristalloïde, par voie d'assemblage, pourrait s'appeler un livre ou un petit Traité de Géométrie synthétique, il n'entrait pas dans mon plan primitif de traiter des cristalloïdes non élémentaires ou transcendants; je vais néanmoins donner ici plusieurs exemples de coefficients d'onglets transcendants, en choisissant des cas très-simples et se rattachant aux formules dites fondamentales du calcul intégral.

1° Soit donnée l'équation directrice

$$y = \frac{a}{\cos x}, \quad \text{d'où} \quad y^2 = \frac{a^2}{\cos^2 x},$$

on a pour le volume de l'onglet $\left(\text{en posant } \tang \alpha = \frac{1}{e}\right)$

$$V = \int \frac{y^2}{2e}\, dx = \frac{a^2}{2e \cos^2 x}\, dx = \frac{a^2(\tang x + C}{2e}$$

et faisant $x = 0$, la constante est nulle.

Pour le prisme correspondant,

$$V' = \frac{y^2}{2e} x = \frac{a^2 x}{2e \cos^2 x};$$

il vient un coefficient

$$\frac{V}{V'} = \frac{\tang x \cos^2 x}{x}.$$

2° Soit l'équation

$$y = \pm a\sqrt{\cos x}, \quad \text{d'où} \quad y^2 = a^2 \cos x,$$

on a

$$V = \int \frac{y^2}{2e} dx = \frac{a^2 \cos x}{2e} dx = \frac{a^2(\sin x + C)}{2e} \quad \text{et} \quad C = 0,$$

$$V' = \frac{y^2}{2e} x = \frac{a^2 \cos x \times x}{2e};$$

et le coefficient

$$\frac{V}{V'} = \frac{\sin x}{x \cos x} = \frac{\text{tang}\, x}{x}.$$

3° Soit encore l'équation

$$y = a \,\text{tang}\, x, \quad \text{d'où} \quad y^2 = a^2 \,\text{tang}^2 x,$$

on a

$$V = \int \frac{y^2}{2e} dx = \int \frac{a^2}{2e} \text{tang}^2 x dx = \frac{a^2}{2e}(\text{séc}^2 x - 1) dx$$

$$= \frac{a^2}{2e}(\text{tang}\, x - x), \text{ C étant nul};$$

$$V' = \frac{y^2}{2e} x = \frac{a^2 \,\text{tang}^2 x \times x}{2e};$$

$$\frac{V}{V'} = \frac{\text{tang}\, x - x}{x \,\text{tang}^2 x}.$$

4° Soit enfin l'équation

$$y = ca^x, \quad \text{d'où} \quad y^2 = c^2 a^{2x},$$

on a

$$V = \int \frac{y^2}{2e} dx = \frac{c^2}{2e} \int a^{2x} dx = \frac{c^2}{2e} \times \frac{a^{2x} - 1}{2 \log a}$$

$\left(\frac{1}{2 \log a} \text{ étant la constante}\right)$;

$$V' = \frac{y^2}{2e} x = \frac{c^2}{2e} \times x a^{2x};$$

et le coefficient est

$$\frac{V}{V'} = \frac{a^{2x} - 1}{2 x a^{2x} \log a}.$$

Ces coefficients sont, comme toujours, applicables à des cristalloïdes de base quelconque, régulière ou non, formés par assemblage d'onglets de même formule.

On peut aussi, conformément à ce qui a été indiqué dans le précédent Mémoire, envisager l'aire de la courbe S, et le rectangle des coordonnées S'; on peut faire successivement des calculs analogues à ceux de l'onglet et du prisme.

Par exemple, pour la directrice précitée

$$y = ca^x,$$

on a

$$S = \int y\,dx = c\int a^x dx = c \times \frac{a^x - 1}{\log a}$$

$\left(\text{la constante étant } \frac{1}{\log a}\right)$,

$$S' = xy = cxa^x;$$

le coefficient est

$$\frac{S}{S'} = \frac{a^x - 1}{xa^x \log a}.$$

Il y aurait à rechercher les valeurs limites de tous ces divers coefficients; mais ces calculs m'entraîneraient trop loin pour un simple appendice.

QUADRATURE DE LA SURFACE CYLINDRIQUE DE L'ONGLET.

Si l'on voulait, pour suivre l'exemple du problème d'Archimède, après le volume, passer à la surface et calculer la partie cylindrique d'un onglet, on considérerait la directrice courbe comme polygonale, chaque côté du polygone donnant lieu à un trapèze (dont le plan sera perpendiculaire à celui des coordonnées), et les côtés parallèles de ce trapèze ayant pour valeurs respectives $\frac{y}{e}$ et $\frac{y+dy}{e}$.

Le côté infiniment petit du polygone constitue la hauteur du trapèze et sera désigné par ds.

La surface élémentaire est donc

$$\frac{1}{e}\left(y+\frac{dy}{2}\right)ds \quad \text{ou} \quad \frac{y}{e}ds,$$

en négligeant l'infiniment petit du second ordre.

La quadrature cherchée sera

$$Q=\frac{1}{e}\int yds=\frac{1}{e}\int y\sqrt{dx^2+dy^2}.$$

On peut rapprocher cette valeur de la surface rectangulaire du prisme correspondant

$$Q'=\frac{y}{e}x,$$

et on déduira une formule indépendante de e,

$$\frac{Q}{Q'}=\frac{\int y\sqrt{dx^2+dy^2}}{xy}.$$

Nous ne retrouvons pas ici la simplicité très-remarquable de la formule de cubature $\frac{V}{V'}$.

De même que l'on a établi plus haut la relation entre le coefficient $\frac{S}{S'}$ de l'aire de la courbe et le coefficient $\frac{V}{V'}$ du cristalloïde, on pourrait aussi donner la relation entre la quadrature $\frac{Q}{Q'}$ de l'onglet et la fraction de rectification de la courbe que j'appellerai $\frac{L}{L'}$.

L'expression de la longueur rectifiée de la directrice est connue, c'est

$$L=\int\sqrt{dx^2+dy^2},$$

et L', par analogie avec un calcul précédent, sera le côté ou hauteur du prisme correspondant à l'onglet, soit $L'=x$;

d'où

$$\frac{L}{L'} = \frac{\int \sqrt{dx^2 + dy^2}}{x}.$$

La relation sera donc

$$\frac{\int \sqrt{dx^2 + dy^2}}{x} \times \frac{xy}{\int y \sqrt{dx^2 + dy^2}} \times \frac{y \int \sqrt{dx^2 + dy^2}}{\int y \sqrt{dx^2 + dy^2}}.$$

Il faut remarquer que ces formules sont indépendantes de ouverture des plans de l'onglet.

On peut encore exprimer, par analogie avec la mesure superficielle de la pyramide, la surface de l'onglet en fonction de la longueur rectifiée L de sa directrice et de la ligne $\frac{y}{e}$ qui servira de base à la surface cylindrique Q.

En divisant ladite surface d'onglet par L et par $\frac{y}{e}$, on obtient

$$\frac{\int y \sqrt{dx^2 + dy^2}}{y \int \sqrt{dx^2 + dy^2}}.$$

Cette expression n'est que l'inversion de l'expression précédente.

Les formules relatives aux surfaces, que l'on vient d'établir, ne renferment plus le diviseur e, ce qui permet de les affecter aux assemblages d'onglets de toute ouverture α quelconque : elles pourront d'ailleurs évidemment être données comme coefficient commun aux assemblages formés sur une base polygonale régulière ou non, mais circonscriptible à un cercle, l'axe d'assemblage étant supposé perpendiculaire sur le centre du cercle ; ces deux conditions suffisent pour qu'alors la directrice, quelle qu'elle soit, reste identique à elle-même d'un onglet à l'autre (*).

(*) On peut établir pour la Géométrie plane une théorie analogue à celle des cristalloïdes ; mais l'assemblage se réduit à deux aires accolées

N. B. C'est pour marquer dès l'abord l'analogie avec les séries polyédriques du prisme et de la pyramide, que j'ai

---

sur un axe perpendiculaire à la droite servant de base, et qui peut être partagée en deux parties inégales par le pied de l'axe. L'aire de la courbe donnée aura pour mesure

$$S = \int x\,dy,$$

et le rectangle correspondant est

$$S' = xy,$$

d'où le coefficient

$$\frac{S}{S'} = \frac{\int x\,dy}{xy}.$$

Si l'on passe à la seconde aire en multipliant x par une fraction convenablement choisie pour que la courbe passe par l'autre extrémité de la base, cette fraction disparaît dans le coefficient comme entrant au diviseur aussi bien qu'au dividende, et la formule est applicable à l'ensemble des deux aires (ou à leur différence) formant un triangle ayant deux côtés curvilignes. Le coefficient sera algébrique lorsqu'on aura

$$x^n = (A + By^a + \ldots + Ky^n)^m,$$

les exposants pouvant être fractionnaires.

On peut démontrer algébriquement que pour un trapèze de hauteur h, détaché de la partie inférieure d'un de nos triangles curvilignes, la surface, dans le cas du coefficient constant $\frac{1}{m}$ ou $\frac{n}{n+1}$ (dérivant de $y = cx^n$) est équivalente à m, soit $\frac{n+1}{n}$, triangles curvilignes de même formule, de hauteur h et de bases diverses (exprimées sous forme de polynôme) dont la première et la dernière sont les bases X et x du trapèze proposé. Quand le triangle est rectiligne, $\frac{n+1}{n}$ égale 2, et les termes du polynôme se réduisent à $X + x$, ce qui est en effet l'expression du trapèze ordinaire. On a trouvé plus haut la même loi d'équivalence pour le tronc de cristalloïde à coefficient constant $\frac{1}{m}$. Ceci établit un lien de plus entre les deux théories, et ce serait peut-être le seul exemple d'une formule numérique applicable à la fois à la Géométrie plane et à la Géométrie de l'espace.

intitulé mon travail *Essai de Géométrie polyédrique*; car je n'ignore pas qu'en raison de l'étymologie, ce dernier adjectif supposerait des faces planes, et non pas cylindriques, ou du moins considérées comme telles.

Si l'on songe aussi à s'étonner des noms nouveaux que j'attache aux solides dérivés du second degré en particulier (sans aucune intention de ma part d'attribuer à ces choix une importance réelle), qu'il me soit permis d'expliquer ici comment, ayant en vue d'affirmer le droit des solides pluro-cylindriques à prendre place à côté des polyèdres et des corps ronds déjà connus, et pour ainsi dire de constater leur individualité, je ne pouvais mieux faire que de leur imposer des noms. Cela a été réalisé autrefois pour les courbes mêmes du second degré, et c'est la désignation habituelle de ces courbes qui m'a d'ailleurs servi de point de départ, ainsi que je l'ai dit en son lieu.

Comme formes géométriques, les cristalloïdes participent à la fois des polyèdres, ou solides polygonaux d'Euclide, et des solides de révolution d'Archimède; ils sont en effet ronds dans le sens de leur axe, et polygonaux, en général, dans le sens transversal. Bien que leur base entre pour beaucoup dans l'aspect extérieur des cristalloïdes, c'est cependant la courbure propre de la surface qui détermine leurs propriétés intimes. Je me suis proposé de retrouver dans le système cristalloïdal ou pluro-cylindrique les principaux théorèmes donnés, quant aux volumes et aux surfaces, par les Traités d'Euclide et d'Archimède. C'est donc en quelque sorte un commentaire et un complément de ces Traités célèbres que j'ai tenté de produire, à l'aide des ressources du calcul moderne. Quant à la généralité du système, essentiellement distinct de la construction générale des équations, elle est complète : toute fonction à deux variables peut être prise pour directrice d'autant de séries de cristalloïdes qu'on voudra donner à la courbe de positions diverses par rapport à l'axe de l'onglet.

TABLE DES MATIÈRES.

PARIS. — IMPRIMERIE DE GAUTHIER-VILLARS,
Rue de Seine-Saint-Germain, 10, près l'Institut.

Cristalloide H. Planche 1.

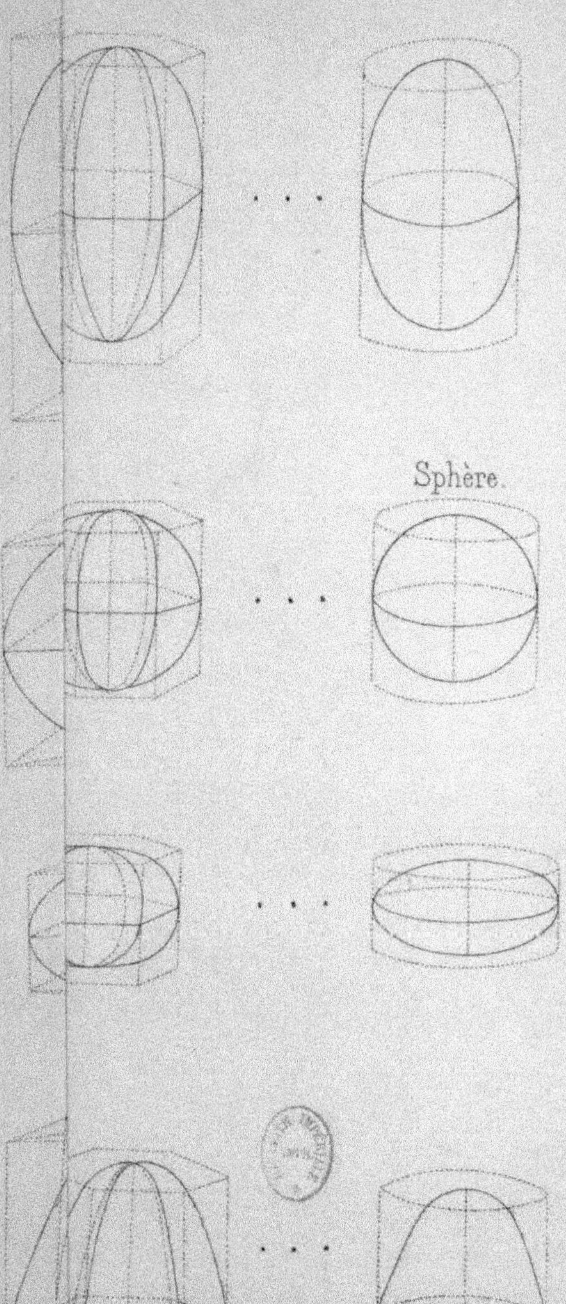

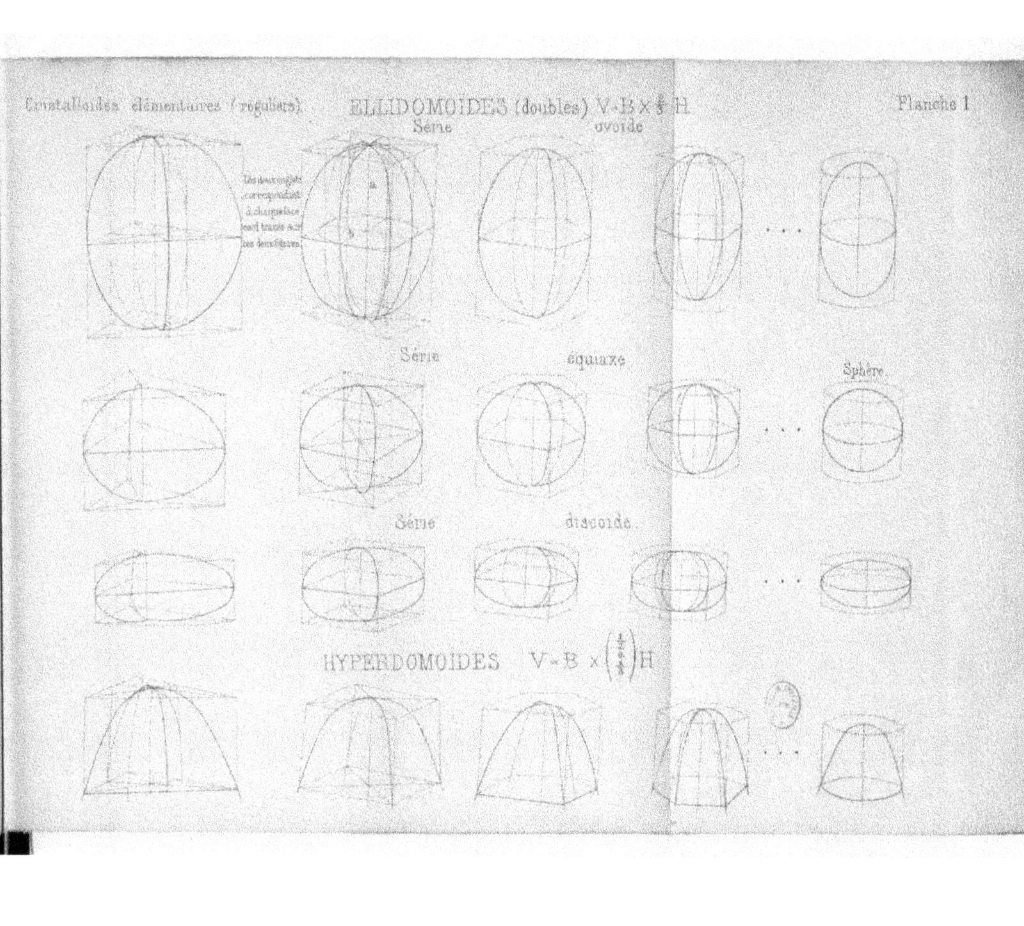
Cristalloïdes élémentaires (réguliers).
ELLIDOMOÏDES (doubles) V=B × ⅔ H.
Planche I
Série ovoïde
Série équiaxe
Sphère.
Série discoïde.
HYPERDOMOÏDES

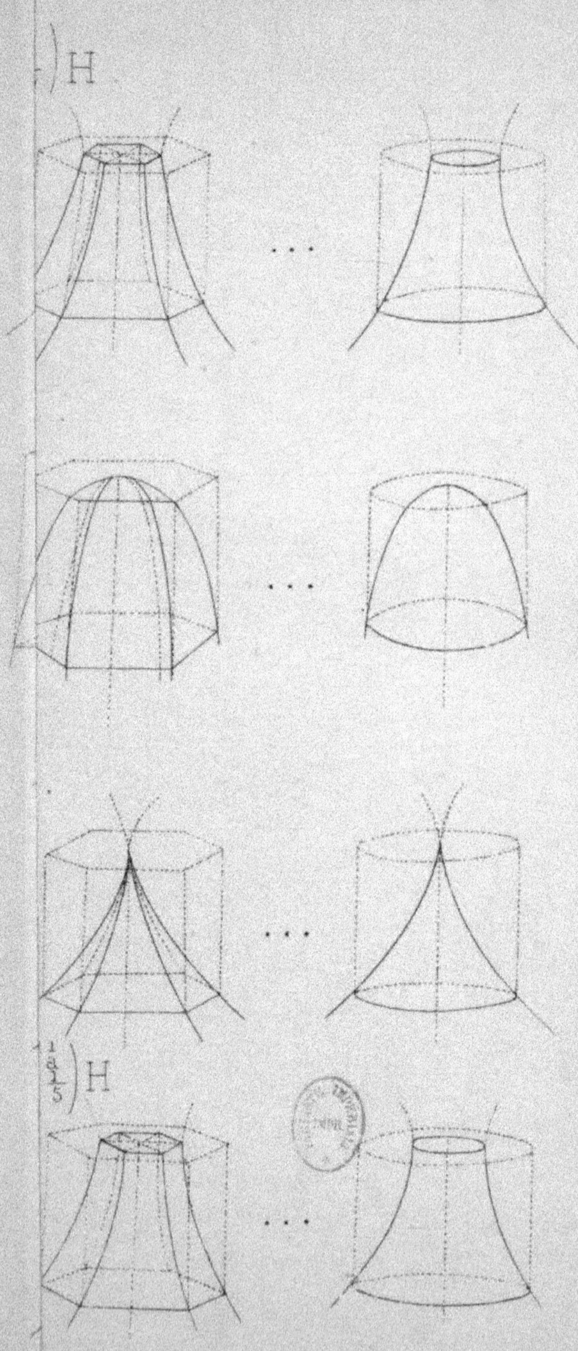
H
H

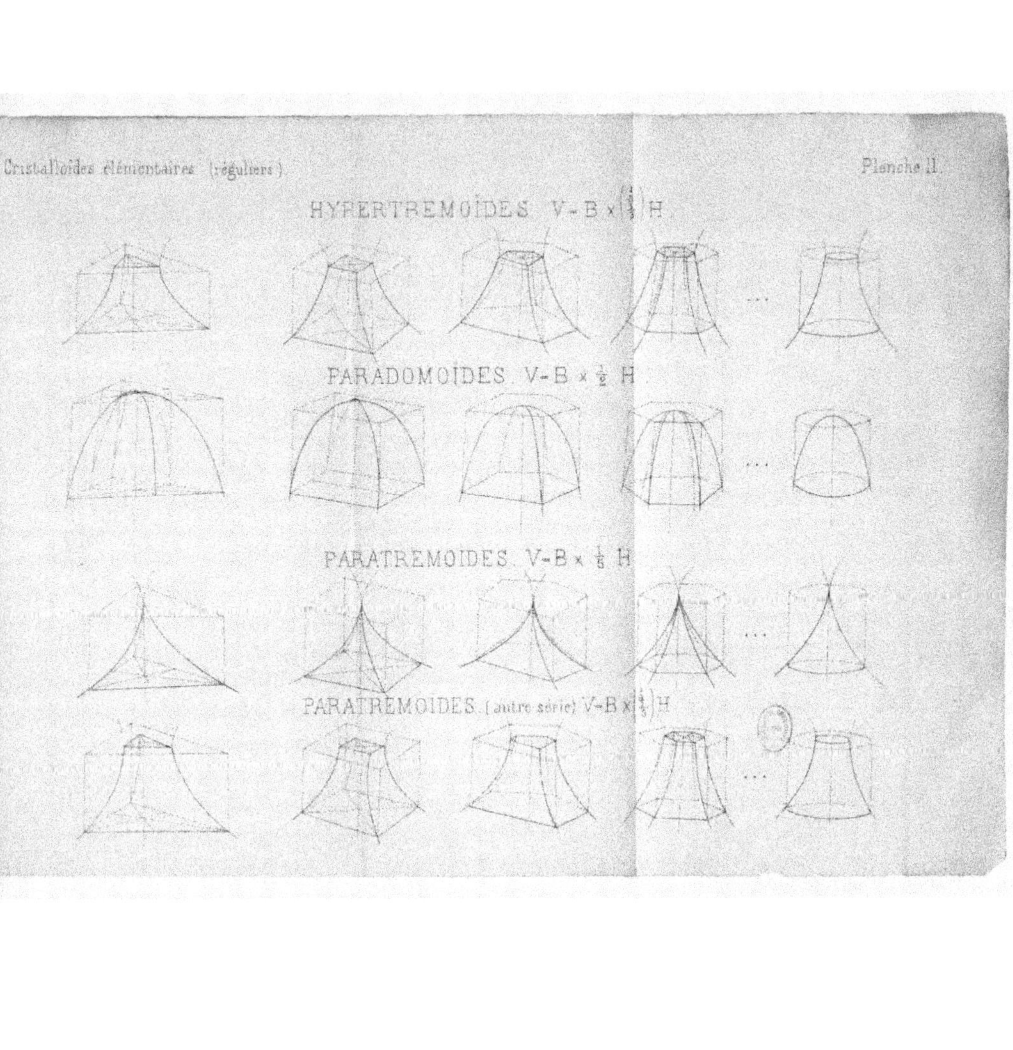
Cristalloïdes élémentaires (réguliers).
Planche II.
HYPERTREMOÏDES V-B × ( ) H
PARADOMOÏDES V-B × $\frac{1}{2}$ H
PARATREMOIDES V-B × $\frac{1}{3}$ H
PARATREMOIDES (autre série) V-B × ($\frac{1}{3}$) H

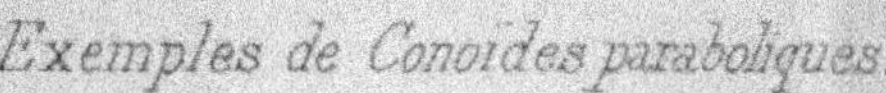

Exemples de Conoïdes paraboliques.

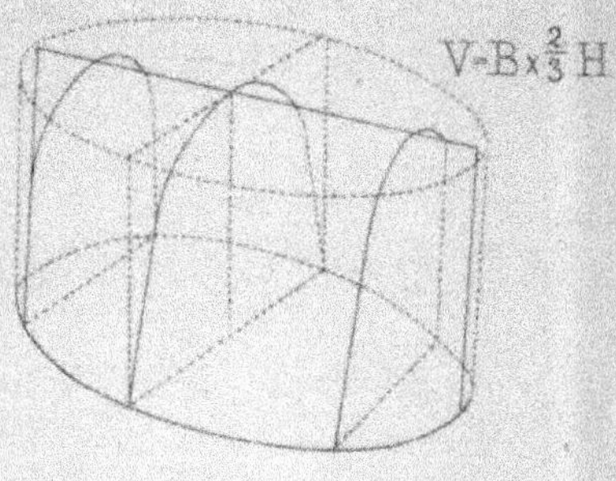

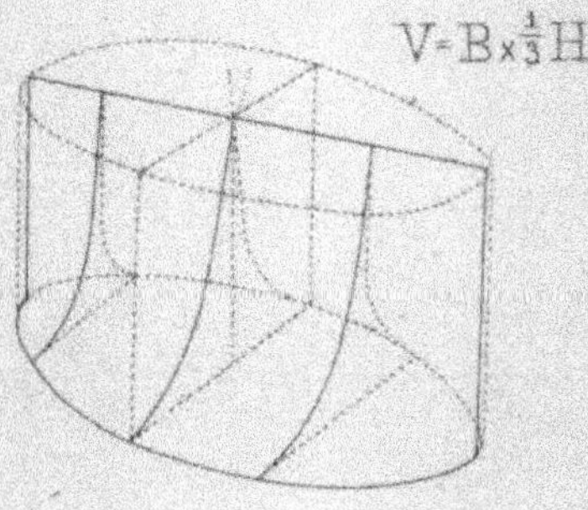

Conoïde rectiligne

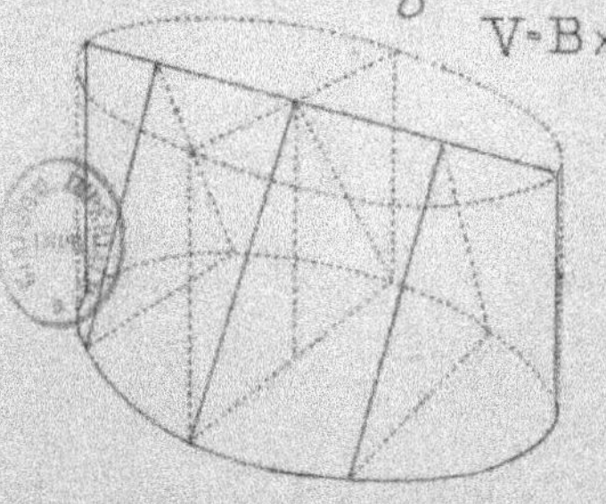

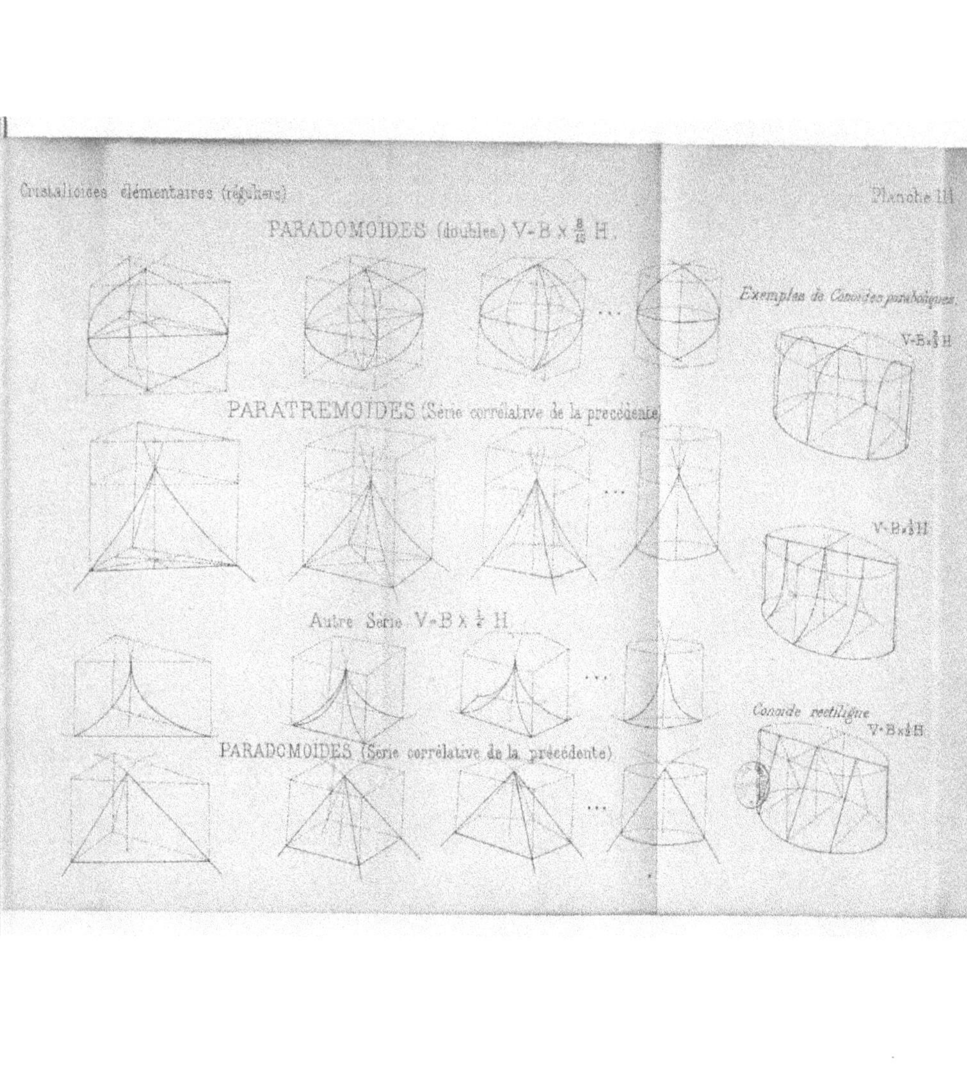
PARADOMOIDES (doubles) V=B × 8/15 H.
PARATREMOIDES (Série corrélative de la precédente)
Autre Série V=B × 1/2 H
PARADOMOIDES (Série corrélative de la précédente)
Exemples de Conoïdes paraboliques.
Conoïde rectiligne

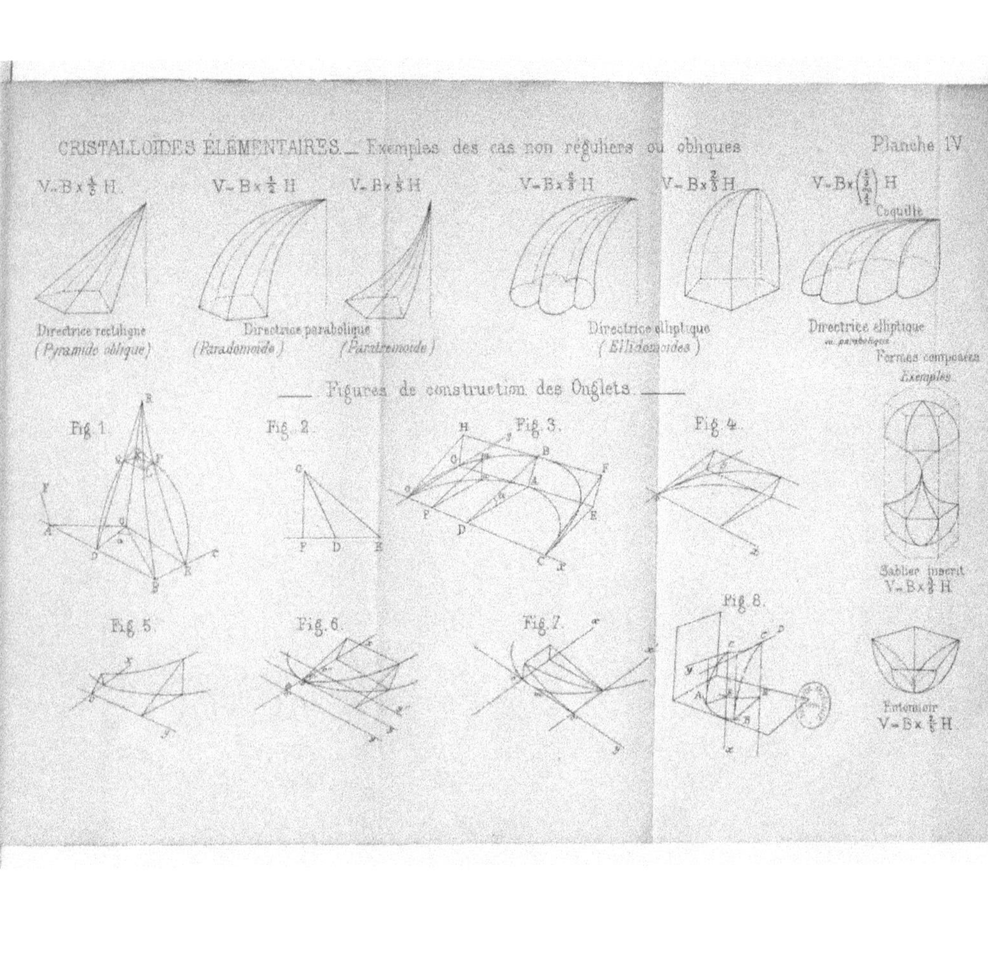
CRISTALLOÏDES ÉLÉMENTAIRES._ Exemples des cas non réguliers ou obliques
Planche IV
V=B×1/3 H.
V=B×1/2 H
V=B×1/3 H
V=B×2/3 H
Coquille
Directrice rectiligne
(Pyramide oblique)
Directrice parabolique
(Paradomoïde)
Directrice elliptique
(Ellidomoïdes)
Directrice elliptique
ou parabolique
Formes composées
Exemples
Figures de construction des Onglets
Fig. 1
Fig. 2
Fig. 3
Fig. 4
Fig. 5
Fig. 6
Fig. 7
Fig. 8
Sablier inscrit
Entonnoir

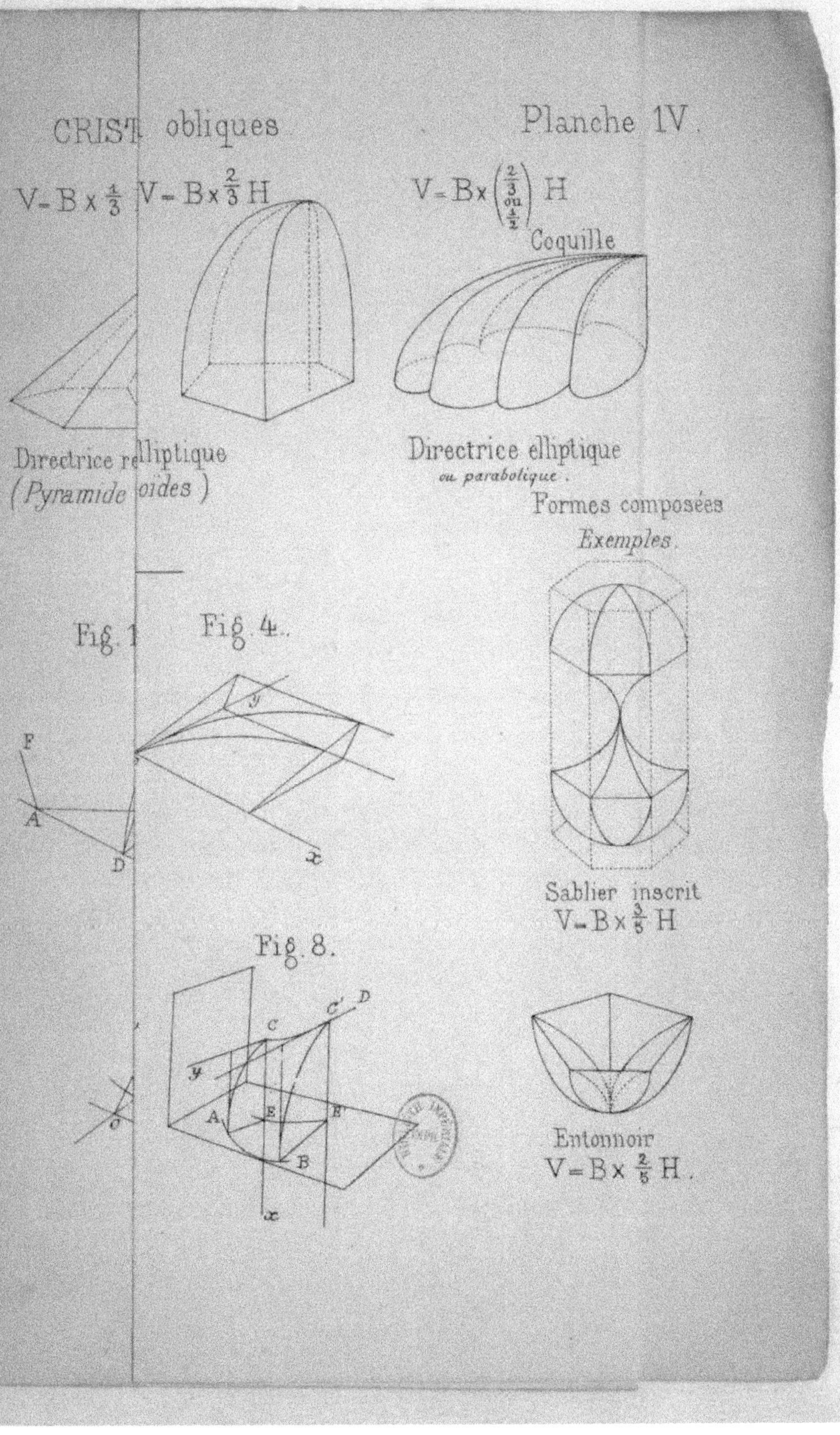
CRIST obliques
Planche IV.
V=B x 1/3
V=B x 2/3 H
V=B x (2/3 ou 1/2) H
Coquille
Directrice re
lliptique
(Pyramide
oides)
Directrice elliptique
ou parabolique.
Formes composées
Exemples.
Fig. 1
Fig. 4.
y
x
F
A
D
Sablier inscrit
V=B x 3/5 H
Fig. 8.
C'
D
C
y
A
E
E'
B
x
c
Entonnoir
V=B x 2/5 H.

PARIS. — IMPRIMERIE DE GAUTHIER-VILLARS,
Rue de Seine-Saint-Germain, 10, près l'Institut.

www.ingramcontent.com/pod-product-compliance
Ingram Content Group UK Ltd.
Pitfield, Milton Keynes, MK11 3LW, UK
UKHW020948180726
13838UKWH00003B/1190

9 782329 256344